工程训练(Ⅰ)报告

高强　主编

图书在版编目(CIP)数据

工程训练（Ⅰ）报告 / 高强主编. — 天津：天津大学出版社，2019.1(2020.11重印)

ISBN 978-7-5618-6353-4

Ⅰ.①工⋯ Ⅱ.①高⋯ Ⅲ.①机械制造工艺－高等学校－教材 Ⅳ.①TH16

中国版本图书馆CIP数据核字(2019)第023448号

出版发行	天津大学出版社
地　　址	天津市卫津路92号天津大学内(邮编:300072)
电　　话	发行部:022-27403647
网　　址	www.tjupress.com.cn
印　　刷	廊坊市海涛印刷有限公司
经　　销	全国各地新华书店
开　　本	185mm×260mm
印　　张	1.75
字　　数	40千
版　　次	2019年1月第1版
印　　次	2020年11月第3次
定　　价	18.00元

凡购本书，如有缺页、倒页、脱页等质量问题，烦请与我社发行部门联系调换
版权所有　　侵权必究

编委会成员

邓 钢　蔡立均　禹国刚　刘玲玲　周坤涛
邢玉龙　陈 曦　许旺蓓　李 楠　刘 楠
魏仁哲　姜佳怡　胡晓阳

目　录

安全承诺书 …………………………………………………………………………… 1
工程训练Ⅰ安全总则 …………………………………………………………………… 1
工程训练Ⅰ学生守则 …………………………………………………………………… 2
工程训练Ⅰ报告（主观题部分）……………………………………………………… 3
工程训练Ⅰ报告（客观题部分）……………………………………………………… 7

安全承诺书

工程训练 Ⅰ 安全总则

第一条　必须牢固树立"以人为本,安全第一,预防为主"的思想,所有参与工程训练Ⅰ实训的人员必须加强法制观念,认真执行国家有关安全生产、劳动保护相关的政策、法令、规定。

第二条　严格遵守学校及中心的安全技术操作规程和各项工程训练规章制度。

第三条　尊重实训指导教师,认真听课,虚心接受辅导,服从分配。

第四条　严格遵守安全劳动纪律和操作规程,实训期间不许从事一切与实训无关的事,使用计算机操作时,严禁私自下载或删改文件。

第五条　实训期间未参加安全教育课者应暂停实训,待补课后方能上岗。请假应持医院假条或学院请假证明并经中心批准,请假时间段内的实训成绩为零,请假时间超过全部实训时间的三分之一(含三分之一)者,工程训练课程成绩为零。未履行请假手续的,迟到、早退、离开实训地点超过半小时的,视为旷课,所在实训模块成绩为零。旷课时间超过实训时间的四分之一(含四分之一)的,工程训练课程成绩为零。

第六条　未经允许,不得使用任何仪器设备。要爱护国家财产,在实训指导教师的指导下,正确使用仪器设备、夹具、工具和量具,并做好维护清洁工作,如果造成损坏,视原因及损坏程度由责任人承担修理费用,无故丢失照价赔偿。

第七条　按照要求对设备进行检查,并填写点检表。操作中如发现仪器设备出现不正常情况,应立即停止操作,并及时报告实训指导教师。若遇紧急情况时应立即按急停键或关掉电源,听从实训指导教师指挥,顺序撤离实训车间。

第八条　各种消防器材、工具应按消防规范设置齐全,不准随意动用;安放地点周围,不得堆放其他物品。

第九条　随身携带教材和报告,实训过程中要独立完成实训任务和撰写报告。

第十条 保持操作现场的整洁,做到文明实训。

工程训练中
二〇一七年六月制定

工程训练 I 学生守则

第一条 学生进入实训场地,必须严格遵守各项规章制度,按所用设备的安全操作规程操作,杜绝违章操作。

第二条 遵守纪律,不允许在实训场地吵闹、打逗、吃零食、使用手机,保证实训教学正常进行。

第三条 听从指导教师安排,未经许可不得操作任何设备。若遇紧急情况时应按急停键或关掉电源,听从实训指导人员指挥,顺序撤离实习车间。

第四条 不准穿凉鞋或拖鞋(皮拖)、裙子或短裤进入实训场地,实习中除焊接工种外一律不准戴手套,女同学必须戴工作帽。树立安全第一的意识。

第五条 操作机床时,同组人员超过二人时,只准许一人进行操作。坚守岗位,不准串岗、闲聊,机床开动后,不准私自离开;

第六条 每天实训结束时,应听从实训指导教师安排,做好场地清洁。

工程训练中心
二〇一七年六月制定

我已经认真阅读了《工程训练 I 安全总则》和《工程训练 I 学生守则》,通过安全教育认识到安全和纪律的重要性,在实训过程中我将自觉地遵守《工程训练 I 安全总则》和《工程训练 I 学生守则》的要求。

(在下方空白处抄写该框内的以上内容,并由本人签字)

签名:
日期:

工程训练 I 报告（主观题部分）

报告成绩：_____ 教师签字：_____

姓名：_____ 学号：_____ 专业班级：_____

一、简答题（70 分）

要求：根据教材内容做答，字迹清楚规范，少写、错写、字迹不可辨认的不得分。

1. 简述车削加工的特点。（15 分，每小题 3 分）

（1）_____

_____

（2）_____

（3）_____

（4）_____

（5）_____

2. 标出图示麻花钻头各部分名称。（15 分，每空 3 分）

1. _____ 2. _____

3. _____ 4. _____

5. _____

3. 简述铣削加工中周铣法、端铣法的定义。（10 分，每小题 5 分）

（1）周铣法：_____

（2）端铣法：_____

4. 解释以下数控加工的概念。（10分,每小题5分）

（1）加工中心：_____
_____

（2）数控加工仿真：_____
_____

5. 写出以下铸造造型工具的名称。（10分,每空2分）

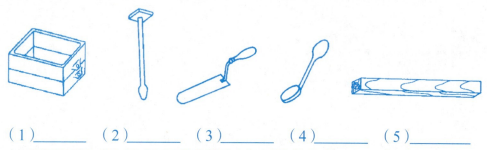

（1）_____ （2）_____ （3）_____ （4）_____ （5）_____

6. 根据实训内容,写出以下原理图中各部分的名称。（10分,每空2分）

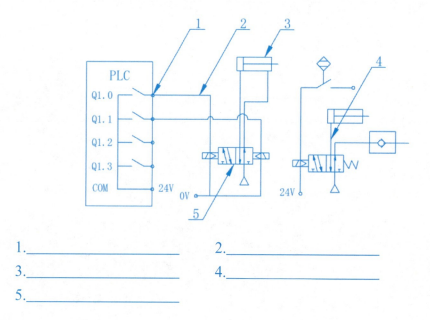

1._____ 2._____
3._____ 4._____
5._____

二、实训体会（30分）

要求:结合参加的各实训项目的具体事例撰写实训体会,要求不分段,首行顶格开始写,字体规范清楚,字数少于300字不得分。

300

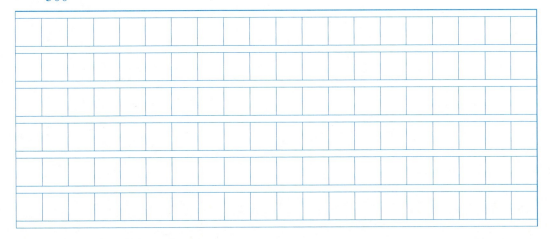

500

工程训练 I 报告（客观题部分）

请将答案填涂在答题卡上，写在报告上答案的无效

一、单项选择题。（每题 1 分，共 60 分）

1. 切削用量中，对切削力影响最大的是_____。
   A. 背吃刀量　　　　B. 进给量　　　　C. 切削速度　　　　D. 机床转速
2. 切削用量中对刀具磨损影响最大的是_____。
   A. 背吃刀量　　　　B. 进给量　　　　C. 切削速度　　　　D. 工件材料
3. 对于所有表面都要加工的零件应以_____作为粗基准。
   A. 难加工表面　　　B. 余量最小表面　C. 余量最大表面　　D. 易加工表面
4. 粗基准_____。
   A. 可无限次使用　　B. 最多用 2 次　　C. 最多用 1 次　　　D. 最多用 3 次
5. 位置精度主要由_____来保证。
   A. 刀具精度　　　　B. 夹具精度　　　C. 刀具误差　　　　D. 机床精度
6. 精车时的切削用量一般是以_____为主。
   A. 提高生产率　　　B. 降低切削功率　C. 减小加工余量　　D. 保证加工质量
7. 普通车床各部分名称及作用匹配正确的是_____。

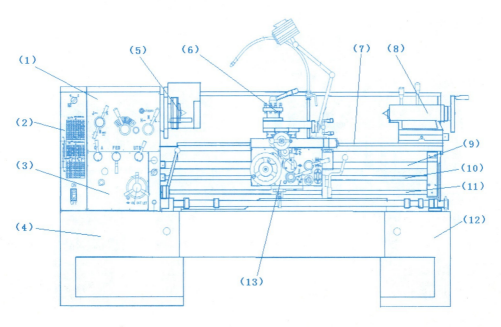

序号	名称	作用
1		支撑主轴并使之按不同转速旋转,形成主运动。
2		通过变换齿轮,实现不同制式螺纹加工。
3		使光杠和丝杠获得不同转速以得到所需进给量或螺距。
4	左床腿	内置电动机、电气控制系统。
5	主轴	用于装夹工件和夹具。
6	刀架	用来装夹刀具。
7	床身	一切固定件的支承体和一切移动件的承导体。
8	尾架	安装钻头和铰刀进行孔加工,或安装顶尖支撑工件。
9	丝杆	与溜板箱上的开合螺母配用来车削螺纹。
10	光杆	把进给箱运动传给溜板箱。
11	操纵杆	与操纵手柄一起控制机床主轴正、反转与停车的装置。
12	右床腿	床身安装在床腿上,床脚用地脚螺钉固定在地基上。
13		将光杠或丝杠的动力传递给车刀作进给运动。

A. 主轴箱　挂轮箱　溜板箱　进给箱

B. 主轴箱　溜板箱　挂轮箱　进给箱

C. 主轴箱　挂轮箱　进给箱　溜板箱

D. 主轴箱　进给箱　挂轮箱　溜板箱

8. 锉削时,锉刀的用力应是在_____。

A. 推锉时　　　B. 回锉时　　　C. 推锉和回锉时　　D. 拉锉时

9. 安装锯条时_____。

A. 锯齿应向前　　　　　　　　B. 锯齿应向后

C. 锯齿向前向后都可以　　　　D. 锯齿向上

10. 平板锉刀适宜锉削_____。

A. 内凹曲面　　B. 平面和外凸面　C. 圆孔　　　D. 方孔

11. 锯割速度过快时,锯齿易磨损,这是因为_____。

A. 同时参加切割的齿少　　　　B. 锯条因发热引起退火

C. 省时间　　　　　　　　　　D. 锯条硬度不够

12. 攻丝时每正转 0.5—1 圈时,应反转 1/4—1/2 圈,是为了_____。

A. 减小摩擦　　　　　　　　　B. 便于切屑折断

C. 看孔是否校正　　　　　　　D. 省力

13. 安装锯条时,锯齿应朝向前方,锯割软材料时多采用粗齿锯条,锯割薄材料时多采用_____锯条。

A. 矩形齿　　　B. 细齿　　　C. 斜齿　　　D. 粗齿

14. 划线常用三大类工具包括基准工具、_____划线工具。
    A. 支承工具　　　B. 测量工具　　　C. 绘图工具　　　D. 涂色工具
15. 平面的锉削方法有顺锉法、_____和推锉法。
    A. 逆锉法　　　　B. 立锉法　　　　C. 交锉法　　　　D. 平锉法
16. 用台钻钻孔时,正确的安全技术规范是_____、必须戴防护眼镜、女同学必须戴帽子。
    A. 不许戴手套　　　　　　　　　　B. 必须戴手套
    C. 可以戴也可以不带　　　　　　　D. 必须戴手套
17. 手工加工内螺纹时使用的工具是_____。
    A. 丝锥　　　　　B. 扳牙　　　　　C. 钻头　　　　　D. 锉刀
18. 程序 G02 X20 Y20 R-10 F100,所加工的一般是_____。
    A. 整圆　　　　　　　　　　　　　B. 夹角≤180°的圆弧
    C. 夹角≥180°的圆弧　　　　　　　D. 等于180°的圆弧
19. FANUC 系统中_____必须在操作面板上预先按下"选择停止开关"时才起作用。
    A. M01　　　　　B. M06　　　　　C. M02　　　　　D. M07
20. 数控电火花高速走丝线切割加工时,所选用的工作液和电极丝为_____。
    A. 纯水、钼丝　　　　　　　　　　B. 机油、黄铜丝
    C. 乳化液、钼丝　　　　　　　　　D. 去离子水、黄铜丝
21. 称为辅助功能代码的是_____。
    A. F 代码　　　　B. G 代码　　　　C. T 代码　　　　D. M 代码
22. 加工中心与数控铣床的主要区别是_____。
    A. 数控系统复杂程度不同　　　　　B. 机床精度不同
    C. 有无自动换刀系统　　　　　　　D. 主轴锥度不同
23. 在一定的生产条件下,以最少的_____和最低的成本费用,按生产计划的规定,生产出合格的产品是制定工艺规程应遵循的原则。
    A. 电力消耗　　　B. 劳动消耗　　　C. 材料消耗　　　D. 物资消耗
24. 数控机床坐标系判别方法采用右手笛卡儿直角坐标系法(右手定则)。其中增大工件和刀具距离的方向是_____。
    A. 负方向　　　　　　　　　　　　B. 正方向
    C. 任意方向　　　　　　　　　　　D. 条件不足不确定
25. 圆弧插补指令 G03 X30 Y30 R10 中 X、Y 后的数值表示圆弧

的_____。
  A. 起点坐标值   B. 终点坐标值
  C. 圆心坐标相对于起点的值   D. 终点和起点的差值

26. 对于数控线切割机床加工,下列说法正确的有_____。
  A. 线切割加工圆弧时,其运动轨迹是折线
  B. 线切割加工圆弧时,其运动轨迹是斜线
  C. 加工斜线时,取加工的终点为编程坐标系的原点
  D. 加工圆弧时,取圆心为切线坐标系的原点。

27. 表示程序结束的指令是_____。
  A.M00   B.M03   C.M06   D.M30

28. 焊缝的空间位置中哪种的施焊难度最低_____。
  A. 平焊   B. 横焊   C. 立焊   D. 仰焊

29. 焊接的种类不包括以下哪个_____。
  A. 熔焊   B. 压焊   C. 钎焊   D. 角焊

30. 以下不属于固体废弃物的是_____。
  A. 切屑   B. 焊渣   C. 废切削液   D. 废锯条

31. 机床发生紧急故障时,以下操作正确的是_____。
  A. 按下急停按钮   B. 马上离开   C. 找同学求助   D. 关闭机床开关

32. 以下哪个不属于测量工具_____。
  A. 游标卡尺   B. 直尺   C. 直角尺   D. 放大镜

33. 调质处理是在淬火之后对零件进行_____的热处理工艺。
  A. 正火   B. 低温回火   C. 中温回火   D. 高温回火

34. 45# 钢的淬火冷却方式为_____。
  A. 空冷   B. 水冷   C. 油冷   D. 随炉冷却

35. 工作服袖口裤腿扣紧,可以穿_____进入铸造实训场地。
  A. 凉鞋   B. 拖鞋   C. 劳保鞋   D. 高跟鞋

36. 下列哪项不属于型砂应具备的性能_____。
  A. 湿压强度   B. 透气性   C. 耐火性   D. 冲击韧性

37. 为改善型砂的某些性能而加入的材料是_____。
  A. 附加物   B. 黏结剂   C. 涂料   D. 水

38. 起模针是从砂型中取出_____的工具。
  A. 型芯   B. 浇口棒   C. 模样   D. 活块

39. 将铸件从砂型中取出来的工序过程叫做_____。

A. 浇注　　　　　B. 落砂　　　　　C. 清理　　　　　D. 检验

40. 金属液直接流入铸型的通道，可以控制金属液的流向和流速，调节铸件各部分的冷却速度的是_____。

　　A. 直浇道　　　B. 内浇道　　　C. 横浇道　　　D. 冒口

41. 分型面是指上半砂型与下半砂型的分界面或相互接触的面。选择时要考虑取模方便，多数情况下选取模样的_____。

　　A. 端面　　　　B. 最大表面　　C. 最大截面　　D. 中间截面

42. 下列不属于铸铁的熔炼设备的是_____。

　　A. 冲天炉　　　B. 链式炉　　　C. 电弧炉　　　D. 工频炉

43. 型芯（泥芯）一般是用来构成铸件的内腔形状，那么制作型芯的模具是_____。

　　A. 模样　　　　B. 刮板　　　　C. 芯盒　　　　D. 芯撑

44. 如果型砂的透气性不好，部分气体无法排出，就会留在铸件中形成气孔，严重时会引起_____。

　　A. 浇不足　　　B. 冷隔　　　　C. 夹砂　　　　D. 裂纹

45. "双电控二位五通电磁阀"中的"五通"不包括以下哪个选项_____。

　　A. 进气孔　　　B. 出气孔　　　C. 排气孔　　　D. 电控插孔

46. 实训中所用电磁阀的工作气压范围是_____。

　　A.0.3—0.8MPa　　　　　　　　B.0.15—0.8MPa

　　C.0.15—0.6MPa　　　　　　　　D.0.3—0.6MPa

47. "双作用气缸"是气动_____。

　　A. 气动控制元件　　　　　　　B. 气动执行元件

　　C. 气动辅助元件　　　　　　　D. 气压发生装置

48. 气压系统对环境造成的危害是_____。

　　A. 污染　　　　B. 浪费　　　　C. 噪声　　　　D. 辐射

49. 以下不属于气源净化装置的是_____。

　　A. 后冷却器　　B. 油雾器　　　C. 空气过滤器　D. 消音器

50. STEP7 MicroWin 可用于以下哪个系列 PLC 的编程工作_____。

　　A.S7-200　　　B.S7-300　　　C.S7-400　　　D. 以上三者均可

51. 一般环境条件下允许持续接触的最高"安全特低电压"是_____。

　　A.48 V　　　　B.36 V　　　　C.24 V　　　　D.12 V

52. PLC 的核心是_____。

　　A. 运算器　　　B. 控制器　　　C. 微处理器　　D. 定时器

11

53. 以下不属于PLC特点的是_____。

A. 可靠性高 　　　　　　　　　B. 抗干扰能力强

C. 易于安装调试 　　　　　　　D. 能进行复杂的计算

54. PLC最常用的编程语言是_____。

A.C++ 　　　　B.Basic 　　　　C.LAD 　　　　D.Pascal

55. 二战期间,为补充被潜艇大量击沉的商船,美国船厂在1941-1945年间共制造了2751艘自由轮,其船体均为全焊接结构,但由于战争期间焊工操作能力和工艺设计缺陷,导致许多自由轮在航行中焊缝突然发生断裂而迅速沉没,这个事例告诉我们_____。

　　A. 事例中的焊接缺陷造成的损失在可以接受的范围

　　B. 好的产品质量离不开有丰富设计经验的工程师

　　C. 焊接工人的操作能力对产品质量的影响不大

　　D. 产品制造中为保证效率可以牺牲质量

56. 港珠澳大桥是迄今为止世界上施工难度最大的跨海大桥,被英国《卫报》评为"新世界七大奇迹"。管延安是港珠澳大桥建设者中的一员,他负责的设备中有一种叫截止阀,装接缝处的间隙必须小于1 mm,1 mm的间隙无法用肉眼判断,管延安却通过一次次的拆卸和练习,凭着"手感",创下了零缝隙的奇迹,60万颗螺丝零失误,被誉为"大国工匠"。他经常跟年轻同志传达的理念是_____。

　　A. 再检查一遍,把简单变成极致

　　B. 差不多就行了

　　C. 一颗螺钉而已,不碍事

　　D. 没有必要追求完美

57. 中国造船业近年来发展迅速,与韩国、日本在全球造船能力排名前三,但大多数船舶的知识产权、设计软件基本来自于国外,自主开发产品不多,为了改变当下国内造船业的现状,应该采取以下哪种措施才能有效提高创新能力?_____。

　　A. 继续加大与国外设计院所的合作,引进高新技术船舶设计方案

　　B. 加大现有市场销路好的船型的生产规模,保证短期内的企业绩效

　　C. 开发船舶设计软件和新型船型设计方案,打破自主研发上的被动局面

　　D. 为维持市场占有率在低水平船型上与同行大打价格战

58. 北京清华大学的研究人员用一个自动行驶自行车系统验证了自主研发的"天机芯"的处理能力。搭载该芯片的自动行驶自行车展示了自平衡、动态感

知、目标探测、跟踪、自动避障、过障、语音理解、自主决策等功能。暗示出中国在以下哪个方面取得了重大进展？_____。

    A. 物联网   B. 人工智能   C. 智能制造   D. 边缘计算

59. 在加拿大科技界,常常可以看到,在一些专家学者左手无名指上,戴着一枚式样相同的钢制戒指,原来,凡佩戴这种戒指的人都是著名的加拿大工学院的毕业生。这所学院誉满全国,在国际上也有相当威望,可是在该校历史上曾出现一件几乎使该校名誉扫地的事情。一次,加拿大政府将一座大型桥梁的设计工作交给一名毕业于该校的工程师,由于设计失误,桥梁在交付使用后不久就倒塌了,政府及地方都蒙受了重大损失。为了牢记这个惨痛教训,加拿大工学院不惜巨资,买下建造这座桥梁的所有钢材加工成戒指,号称"耻辱戒指"。该故事给我们什么启示？_____。

    A. 不要为自己的错误感到羞耻   B. 前事不忘后世之师
    C. 对待工作得过且过   D. 做人做事应该圆滑世故

60. 1986年1月28日在美国佛罗里达的卡那维拉尔角,挑战者号航天飞机在升空后73秒后,空中突然传来一声闷响,只见挑战者号顷刻之间爆裂成一团桔红色火球,碎片拖着火焰和白烟四散飘飞,坠落到大西洋。根据调查这一事故的总统委员会的报告,爆炸是一个O型密封环失效所致。由于发射时天气情况不佳,气温很低,导致O型密封环在低温下失效而发生事故,尽管在发射前夕有些工程师警告不要在冷天发射,但是由于发射已被推迟了5次,所以警告未能引起重视,这个事例说明我们在实际操作过程中应该_____。

    A. 认真听取老师的讲解,严格按照老师讲解的步骤进行操作
    B. 模仿其他同学的操作,前面同学怎么做我就怎么做
    C. 遇到任何问题按照自己的理解操作,绝不麻烦老师和同学
    D. 对操作规程的内容要敢于进行"创新"

二、多项选择题（每题1分,共20分）

1. 磨抛金属试样时需要注意哪些安全操作要求_____。
    A. 佩戴防护眼镜   B. 佩戴防噪音耳塞
    C. 女生佩戴工作帽   D. 佩戴手套

2. 金属材料硬度测量方法有以下哪几种_____。
    A. 邵氏硬度   B. 洛氏硬度   C. 莫氏硬度   D. 维氏硬度

3. 下列属于在进行铸造操作前,需要做的准备_____。
    A. 清理场地,保持环境卫生   B. 检查工具是否齐全

C. 填写铸造设备点检卡 D. 确认本岗位危险因素。

4. 舂砂锤其一端形状为尖圆头,另一端为平头端,其作用为可保证_____。
   A. 砂型内部紧实 B. 砂箱底部的紧实
   C. 砂型外部紧实 D. 砂箱顶部的紧实

5. 浇注系统是是引导金属液流入铸型型腔中所经过的通道,其作用包括_____。
   A. 保证金属液平稳地流入型腔 B. 避免金属液冲坏型壁和砂芯
   C. 防止熔渣等其他杂物进入型腔 D. 调整铸件的凝固顺序

6. 砂型铸造的造型方法有_____。
   A. 整模造型 B. 分模造型 C. 挖砂造型 D. 活块造型

7. 挖砂造型的特点包括_____。
   A. 每造一型挖一次砂 B. 操作复杂
   C. 适用于单件小批生产 D. 生产率高

8. 下列铸造方法中,属于特种铸造的有_____。
   A. 消失模铸造 B. 金属型铸造 C. 砂型铸造 D. 离心铸造

9. 铣床加工水平面、垂直面会使用到的量具主要有以下哪些_____。
   A. 游标卡尺 B. 圆度仪 C. 直角尺 D. 直尺

10. 常见的升降台式铣床有以下哪几种_____。
    A. 立式铣床 B. 卧式铣床 C. 龙门铣床 D. 仪表铣床

11. 铣削水平面、垂直面要注意的形位公差有以下哪几种_____。
    A. 平行度 B. 平面度 C. 表面结构参数 D. 垂直度

12. 加工图纸工件某尺寸为 40±0.50 mm,以下哪些尺寸不符合要求_____。
    A. 39.50 mm B. 38.75 mm C. 41.00 mm D. 40.20 mm

13. 除完成工件加工以外,以下哪些工作也属于实训要求_____。
    A. 填写设备点检卡 B. 清理机床及场地
    C. 归还量具工具 D. 垃圾分类处理

14. 开动铣床切削工件前要先检查_____等事项。
    A. 主轴是否漏油 B. 自动挡位控制手柄是否在空挡
    C. 刀具是否在夹具水平线之上 D. 铣床运行过程是否有噪音

15. 铣床操作过程中不能_____。
    A. 戴护目镜 B. 戴棉线手套 C. 戴手串 D. 戴头饰

16. 铣削的加工方法可以分为_____。
   A. 周铣　　　　B. 顺铣　　　　C. 端铣　　　　D. 逆铣

17. 怎么提高铣削的加工的精度_____。
   A. 加快铣削速度　B. 减小进给量　C. 减少背吃刀量　D. 减少侧吃刀量

18. 冷战期间，苏联核潜艇噪声大很容易被美国声呐追踪，该问题一直困扰苏军，1983年，日本东芝公司将4台高精度的MBP-110S九轴五联动数控加工中心卖给苏联，苏联很快将其安装到列宁格勒的海军上将造船厂用于制造核潜艇推进螺旋桨，由于该机床的加工精度很高，大大降低了螺旋桨在水中转动的噪音，以至于美国的声呐无法侦测到苏军核潜艇动向，该数控机床大大提高了苏联装备制造业的实力，该事件告诉我们_____。

   A. 以机床为支撑的装备制造业是提升国家制造水平的重要基石
   B. 数控机床是工业母机，应该重视和发展
   C. 只有掌握核心技术才能立于不败之地
   D. 机床只是加工工具，无需大力研发

19. 智能数控系统是一款由沈阳机床集团自主研发及设计的数控系统，该系统被誉为一款真正适应工业4.0的智能数控系统。5I(即：工业化Industry，信息化Information，网络化Internet，集成化Integrate，智能化Intelligent)的高效集成，实现了操作智能化、编程智能化、维护智能化和管理智能化，是我国机械行业近年少有的重大突破，可使用于哪些数控设备_____。

   A. 数控车床　　　　　　　　　B. 普通车床
   C. 数控铣床　　　　　　　　　D. 数控加工中心机床

20. 北京时间12月27日20时45分，中国在文昌航天发射场用长征五号遥三火箭成功发射实践二十号卫星。长征五号运载飞船是我国体积最大、运载能力最强、起飞重量最大的一款飞船，总装配部件达到10万多个，零件加工精度可以精确到微米级(0.01—0.001mm)是中国实现未来探月工程三期、首次火星探测、载人航天等国家重大科技专项和重大工程的重要基础和前提保障。请问目前我们使用过的中走丝线切割设备加工精度可以达到什么水平_____。

   A. 1mm以上　　B. 0.1—0.01mm　　C. 0.01—0.001mm　　D. 0.1—1mm

三、判断题（每题0.5分，共20分）

1. 对刀具材料的基本要求有高的硬度、高的耐磨性、足够的强度和韧性、高的耐热性、良好的工艺性。(　　)

2. 车刀的基本角度有前角、后角、副后角、主偏角、副偏角和刃倾角。(　　)

3. 切削加工时工件材料抵抗切削所产生的阻力称为切削力。(　　)

4. 切削用量包括背吃刀量、进给量和工件转速。(　　)

5. 乳化液主要起润滑作用。(　　)

6. 工艺规程制定是否合理,直接影响工件的加工质量劳动生产率和经济效益。(　　)

7. 加工精度,包括尺寸精度和位置精度。(　　)

8. 车削细长轴时,因为工件长,热变形伸长量大,所以一定要考虑热变形的影响。(　　)

9. 工件加工不完的情况下,可以通过手摇操作手柄的方式加快进给速度,加速工作进度。(　　)

10. 在机床正在自动进给运行过程中,可以同时使用同方向的手动控制操作杆。(　　)

11. 在操作铣床切削工件过程中,可以用手接触工件。(　　)

12. 在同组有其他同学操作机床情况下,可以在机床附近使用手机通讯或者登陆网页等。(　　)

13. 每天实训结束后,要打扫完机床及其附近区域卫生。(　　)

14. 每天实训结束后,产生的垃圾要分类归置到不同垃圾箱。(　　)

15. 数控车床的转塔刀架机械结构简单,使用中故障率相对较高,因此在使用维护中要足够重视。(　　)

16. 奉献社会是职业道德中的最高境界。(　　)

17. 用一次安装方法车削套类工件,如果工件发生移位,车出的工件会产生同轴度、垂直度误差。(　　)

18. 数控电火花线切割加工属于热加工。(　　)

19. M02 和 M03 都是程序结束,它们之间没有任何区别。(　　)

20. G00、G01 指令都能使机床坐标轴准确到位,因此它们都是插补指令。(　　)

21. 手动返回参考点即为机床通电后必须首先进行的机床回零,如果机床不首先回零则不能运行程序进行加工。(　　)

22. 数控线切割加工编程时,长度的计数单位是微米。(　　)

23. 所谓的非模态指令指得是在本程序段有效,不能延续到下一段指令。(　　)

24. 手工建立新程序时,必须首先输入的是程序名。(　　)

25. 焊接操作时必须保证通风良好或具备强制通风条件(　　)